SHANGHAI OUTSTANDING YOUNG

ARCHITECTS

2018 年上海市建筑学会成立六十五周年评选活动

上海市杰出中青年建筑师之六 ● 郭建祥

上海市建筑学会
The Architectural Society of Shanghai China

理性与感性相谐 人文与科技并重

郭建祥

Guo Jianxiang

中国建筑工业出版社

评选专家委员会

主 任：

全国工程勘察设计大师 沈 迪

专 家：

中 国 工 程 院 院 士
全国工程勘察设计大师 魏敦山

全国工程勘察设计大师 时 匡

全国工程勘察设计大师 汪孝安

全国工程勘察设计大师 赵元超

全国工程勘察设计大师 丁洁民

丛书序 PREFACE

上海伴随着改革开放近四十年的城市建设发展日新月异，浦江两岸新老建筑相映成辉，历史的传承和时代的发展使上海更具有文化的内涵和城市的魅力。在这振奋人心的时代里，在一大批优秀建筑的背后是一群富有创作热情、具有世界眼光、勤勉努力的中青年建筑师。他们已经成为当下行业内的中流砥柱，他们继承着前辈的匠心，把握着时代的脉搏，他们有着新一代独到的理论见解和创作思想。

2018 年正值上海市建筑学会成立 65 周年，六十多年来，学会汇聚了大批建设领域的专家和精英，他们积极参与上海市及全国各地的建设，为城市化建设与发展做出了卓有成效的贡献。值此 65 周年之际，本会向全社会发起了“上海市杰出中青年建筑师”评选活动，旨在表彰一批在建筑设计领域取得突出成就和做出重要贡献的中青年建筑师们，以此鼓励上海市中青年建筑师奋发进取、锐意创新的精神。

“上海市杰出中青年建筑师”评选于 2018 年 7 月 26 日正式启动，共收到来自 53 家设计院所、高校的 150 余名中青年建筑师的竞选申请；此次评选经过社会网络投票，唤起了行业内外对城市建设和建筑师的关注。其中网络投票页面访问次数达到 870 万次，累计投票次数超过 220 万次。最终，由院士、大师组成的评审专家委员会于 11 月 7 日推选出了 20 名“上海市杰出中青年建筑师”。

“上海市杰出中青年建筑师”系列丛书的出版，既展示了上海中青年建筑师们的学术水准、创作业绩及个人风采，也鼓励其创新精神和社会责任感。促进其能够与国际接轨，提升其社会影响力，为中国建筑业增添绚丽的色彩。

上海市建筑学会理事长

序言 FOREWORD

改革开放四十年来，中国迎来了城市化的快速发展期，时代的进步带动了中国建筑业的蓬勃发展，更给予了当代中国建筑师激扬才华的舞台。作为毕业于20世纪80年代的我们这一辈建筑师，有幸参与这史诗般的巨变中，从最初的“打开窗口看世界”，再到与境外建筑师合作，再到自主原创设计，我们经历了一个螺旋式的上升过程，这是几代本土建筑师奋斗的结果。我们应该感谢这个时代，是中国改革开放的巨大发展给了我们难得的历史机遇，让我们从中受益颇多。

作为综合交通体系的载体，交通建筑作为“流动”和“固定”的结合体，是处理城市化问题的一个重要切入点，更体现建筑师对于城市建设的思考方式和世界观。

我本人从事交通建筑设计已经30年了，先后主持及原创数十项国内大型交通枢纽项目。在这30年的创作过程中，我深刻地感受到交通建筑的设计既牵涉到复杂的工艺流程，涉及错综的旅客体验，还与城市门户形象、公共投资回报等等因素有关。每一个项目都是一个极大的挑战，需要建筑师付出更多的努力与艰辛。回首来时路，有付出的汗水，更有建成后的欣慰。我要由衷感谢长期以来支持我们的华建集团和华东建筑设计研究总院的领导与前辈，个人成绩的取得离不开集团和总院深厚的技术底蕴的支撑。

交通建筑是时代给建筑师和建设者提出的一个挑战性的命题。希望我们能够一起在交通建筑的规划和建设中，探索出最适合的模式和思路，推动中国交通建筑设计的进一步发展。

郭建祥

目录 CONTENTS

当面临大型交通枢纽这种大跨度、大尺度的巨型建筑时，建筑师不能让使用者在巨大的体量中迷失，应当像传统手工雕塑家般量身打造式地开展设计工作，每一个空间、尺度和环境的塑造都必须从设身处地的“人”的角度出发，而不是一个超脱的“上帝”视角。

郭建祥

主要从业经历

Main Experiences

郭建祥，华建集团华东建筑设计研究总院副院长、总建筑师、华建集团专业总师，教授级高工，上海市领军人才，中国建筑学会建筑师分会副理事长。作为我国优秀的建筑设计专家，他主持设计了诸多原创的大型、超大型、综合性航站楼和综合交通枢纽，作为该专项的学科带头人，注重团队的建设和青年建筑师的培养，注重学术的探讨和理论的总结，并积极开展对外学术交流，在此设计领域中有着较高的学术地位。他在交通建筑设计领域的不懈探索，已成为我国该设计领域内具有很大影响力的专家。

在过去30年的建筑实践中，郭建祥同志主持原创了多项国家级、区域级重大项目的工程，他的设计与研究兼顾交通建筑人文、绿色、平安、智慧等多个维度。其主持的上海浦东机场工程获得全国第十届优秀工程设计金奖；浦东国际机场二期工程获得全国优秀工程设计金奖、新中国建国60周年建筑创作大奖；龙阳路磁悬浮车站获得全国第十一届优秀工程设计奖铜奖、建设部优秀勘察设计奖二等奖、上海市优秀工程设计奖一等奖、上海市建筑学会建筑创作奖优秀奖；虹桥综合交通枢纽获得全国工程勘察设计行业建筑工程一等奖、上海市优秀设计奖一等奖，南京禄口机场二期工程获得上海市优秀工程设计奖一等奖、上海市建筑学会原创设计佳作奖，亚洲建筑协会建筑大奖荣誉提名奖。主持设计的浦东机场三期扩建工程是世界上规模最大、功能最复杂的机场候机卫星厅建筑。设计的港珠澳大桥珠海口岸和澳门口岸，是我国唯一一个在人工填海之上建设的超大型枢纽口岸，也是我国唯一一个粤、港、澳三地通关口岸。他领衔原创设计的浦东机场T2航站楼、虹桥综合交通枢纽、上海龙阳路磁悬浮车站入选上海市勘察设计行业改革开放四十周年“杰出工程勘察设计项目”荣誉称号。目前，他正致力于新疆乌鲁木齐国际机场改扩建工程、杭州萧山机场三期综合交通枢纽和浦东机场T3航站等一批区域级重大项目的设计中。

郭建祥同志致力产学研相结合，用实践助推科研，科研指导实践，“浦东国际机场扩建工程建设关键技术研究”获得上海市科学技术进步奖一等奖；“浦东机场一期航站楼设计课题”获得上海市科学技术进步奖二等奖；“大型综合交通枢纽关键技术研究”获得上海市科技进步奖三等奖；市级科研课题“航站楼及能源中心节能研究与应用”获得上海市科学技术进步奖三等奖；他还发表

2018 年摄于上海虹桥 T1 交通中心

了多篇高质量的论文；撰写《当代交通建筑设计的多维诠释》一书，填补了国内相关领域的技术空白，主持和参加编写《上海虹桥综合交通枢纽规划与建筑设计》等4 本专著；参与编写《建筑设计资料集》，主编“综合交通枢纽分项”、参编“航空港分项”、“铁路客运站分项”，并获得多项专利授权。

郭建祥同志现担任中国建筑学会建筑师分会副理事长、资深会员等多项社会职务，积极参与行业活动并做主题演讲等，牵头组织主办了多届机场建筑技术论坛。由于郭建祥同志在建筑设计工作中的突出贡献，获得上海市领军人才称号，入选上海市国资委系统新世纪最具影响力的先进人物。在 2006 年被授予全国五一劳动奖章，2010 年被授予全国模范，2016 年建交委“城市之光”等光荣称号。

主要建筑作品

Selected Works

2008 年摄于上海浦东新区

上海浦东国际机场 T2 航站楼

Shanghai Pudong International Airport Terminal 2

项目地点：上海浦东新区浦东国际机场

总建筑面积：546400m^2

设计时间：2004 年

建成时间：2008 年

上海浦东国际机场二期工程建设总目标是建设东亚地区国际枢纽型航空港，T2 航站楼主楼部分可以服务年旅客量为 4000 万人次，长廊部分为 2200 万人次。为了满足强大的枢纽运作功能，候机长廊创造性地设计了三层式的候机模式以及多至 26 个可转换机位，更好地适应航空公司的中枢运作需要，适应国际与国内航班错峰特点，提高可转换机位的使用效率。航站楼内集中设置的中转中心，使多达二十种中转流程可以在这里完成，有利于实现枢纽运作。在 T1、T2 航站楼及中央轨道交通站之间建立“三横三纵”交通换乘中心步行系统，T2 航站楼旅客到达大厅与交通中心同一标高平面，达到了旅客无缝平层换乘各类交通工具的人性化目标。

2008 年摄于上海浦东新区

G
G
G

F
F

2010 年摄于上海虹桥国际机场

上海虹桥综合交通枢纽

Shanghai Hongqiao Comprehensive Transportation Hub

项目地点：上海市长宁区、闵行区

总建筑面积：140 万 m^2

建成时间：2010 年

上海虹桥综合交通枢纽于2010年上海世博会前建成，集航空、城际铁路、高速铁路、轨道交通、长途客运、市内公交等64种连接方式、56种换乘模式于一体，旅客吞吐量110万人次/天，是当前世界上最复杂、规模最大的综合交通枢纽。新建虹桥机场T2航站楼，设计旅客年吞吐量4000万，是2010年上海世博会的重要配套基础设施和圆满召开的有力保障。枢纽采取面向全国、辐射长三角的交通战略。其建成运营有效改善了西部区域的交通状况及土地价值，使上海经济重心向西部区域倾斜，与浦东新区共同实现经济东西联飞；带动苏州、昆山、上海、嘉兴、杭州连片联动发展，进而辐射整个华东区域，加快长三角一体化进程。

2010年摄于上海虹桥国际机场

010 年摄于上海虹桥国际机场

8

STAR ALLIANCE

出发
Departures
超规行李托运
Oversized Baggage Check-in
出发
Departures
China Pavilion
B1
14
B01
B02
B04
B05
B06
B07

B

TAGHeuer
TAGHeuer

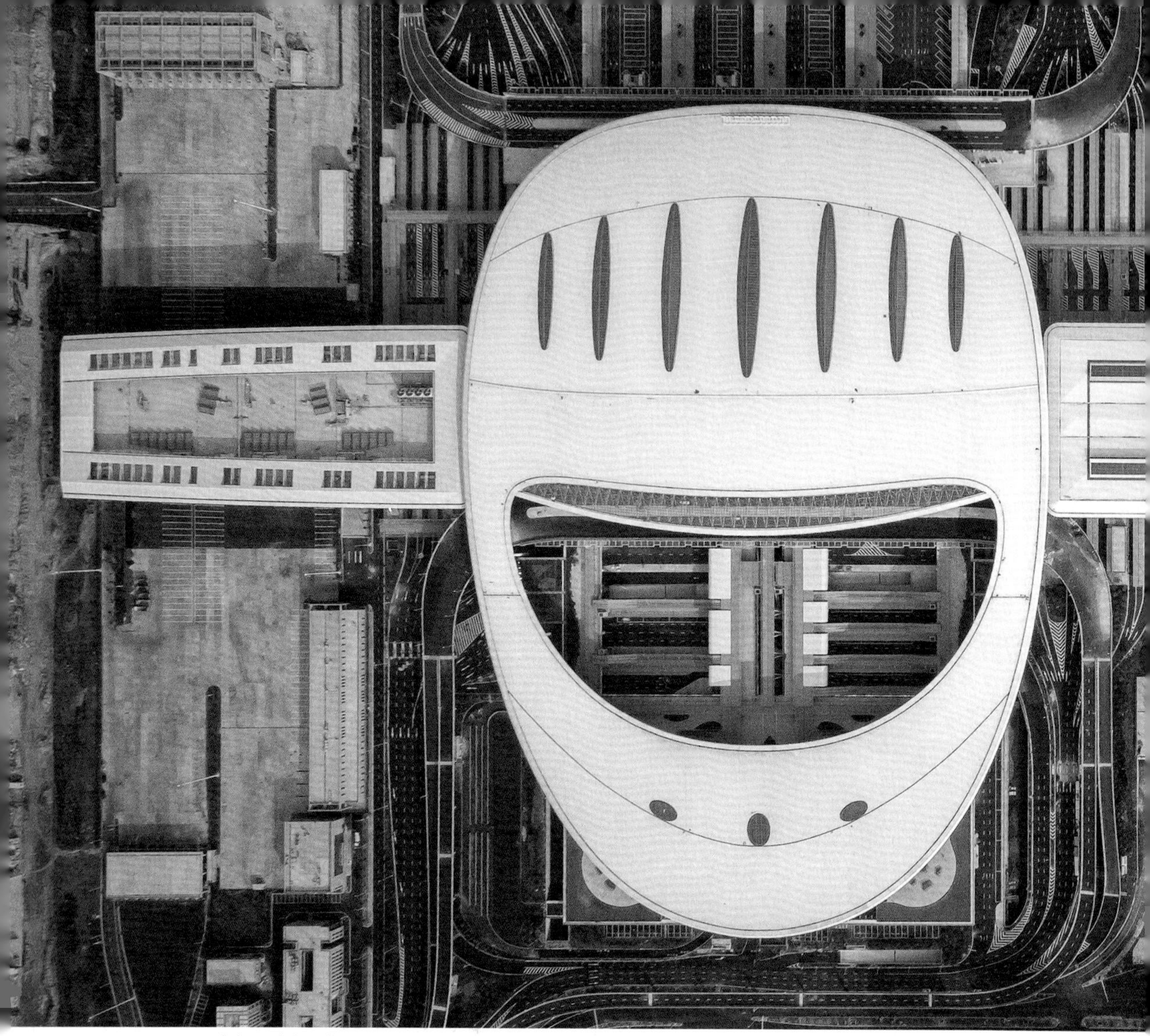

2018 年摄于珠海、澳门

港珠澳大桥人工岛口岸

Hong Kong-Zhuhai- Macau Bridge Artificial Island Port

项目地点：港珠澳大桥人工岛

珠海口岸总建筑面积：52 万 m^2

澳门口岸总建筑面积：62 万 m^2

澳门口岸旅检大楼合作单位：陈炳华建筑顾问有限公司、博汇建筑工程顾问有限公司、巴马丹拿建筑及工程师有限公司

建成时间：2018 年

为繁荣粤港澳大湾区的经济，香港、澳门与内地有关方面提出修建连接香港、珠海与澳门跨海大桥的建议。港珠澳大桥建成后将促进粤西甚至中国西部的经济发展，也为香港、澳门充裕的资金提供了更加广阔的腹地。港珠澳大桥珠海口岸工程是国务院重点工程、举世瞩目的粤港澳三地大型跨界衔接工程——港珠澳大桥的重要配套项目；是中国唯一一个粤港澳三地通关口岸，满足远期 2035 年珠海与香港每天通关旅客 15 万人次、通关客车约 1.8 万辆及通关货车约 1.7 万辆的出入境需求；珠海与澳门每天通关旅客 10 万人次、通关客车约 3000 辆的出入境需求。

中国边检

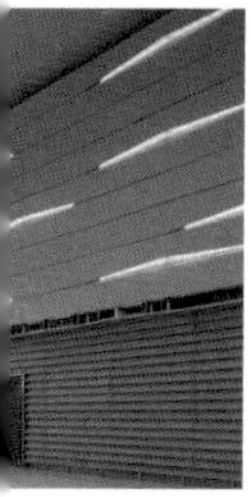

总体设计采用“送客优先、逐级分流、单向循环”的客运道路系统;“立体分流、高效集约、应对峰流”的旅客换乘组织;“公交优先、轨道优先、双轨预留”的持续发展策略高效应对,包括十多种交通工具的接驳与换乘。旅检楼采用出入境上下分层,与立体分流的旅客换乘模式一一对应。采取国内首创的“粤港澳”三地通关模式,并与澳门口岸采取“一地两检”的背靠背联检模式,高效整合功能、有效集约土地资源。在建筑造型上,人工岛主体建筑群自南向北的布局方式与“如意”的形象如出一辙,寓意着 “一地三通,如意牵手”,体现了华人世界的处世哲学。

2018 年摄于珠海

2018 年摄于澳

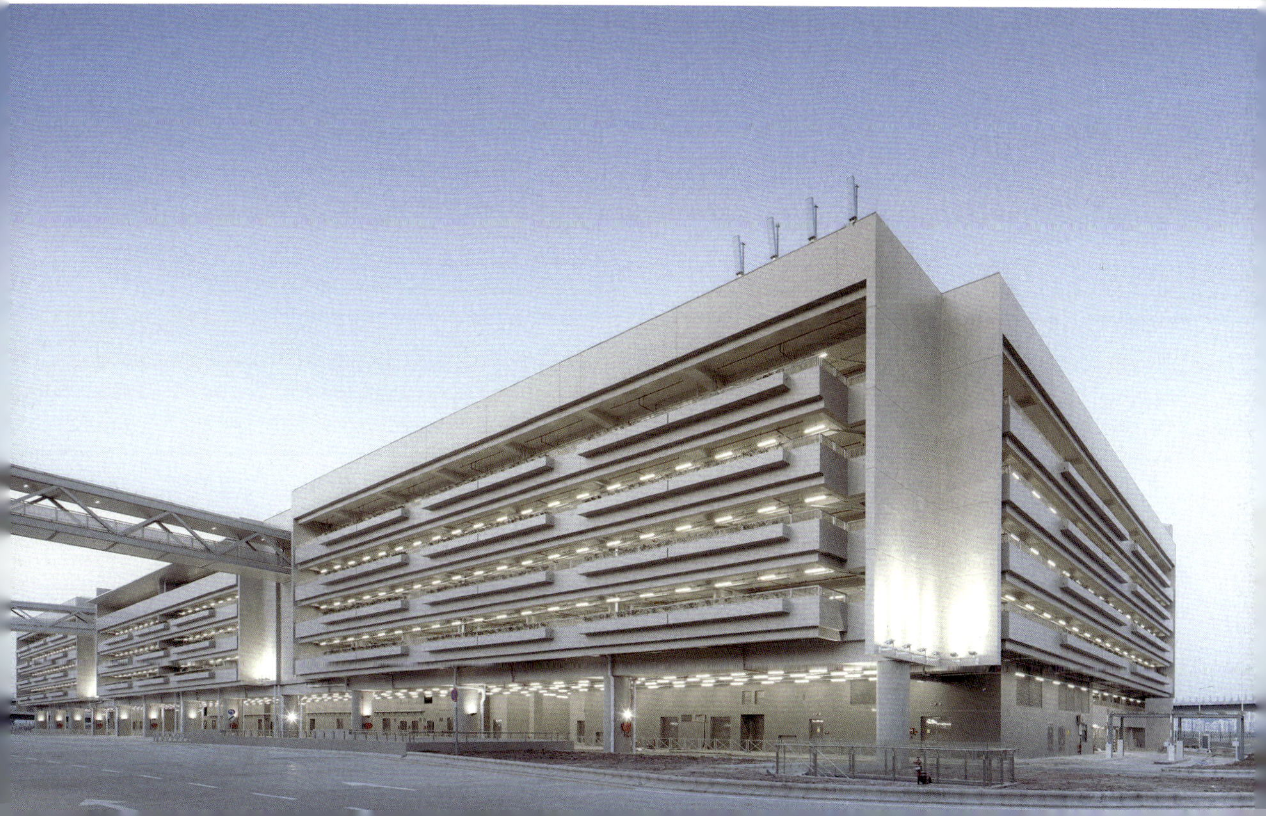

2014 年摄于南京

南京禄口国际机场二期工程

Nanjing Lukou International Airport Phase 2 Project

项目地点：南京市江宁区禄口国际机场

总建筑面积：43 万 m^2

建成时间：2014 年

南京禄口国际机场二期工程由华东建筑设计研究总院机场专项化团队原创设计。作为江苏经济对外发展的重要窗口，南京禄口国际机场二期工程是江苏省委、省政府的重点工程，也是第二届青奥会的重要配套工程。本期建设满足本期新建航站楼 1800 万年旅客吞吐量的设计目标（国际 390 万 / 年，国内 1410

万/年），有助于禄口机场实现“中国大型枢纽机场，航空货物和快件集散中心”这一战略目标。通航后，禄口机场航空业务量快速增长，2号航站楼的国际业务区域逐步扩展，进一步提升南京禄口国际机场作为历史古都的门户形象，有效促进了长三角地区综合交通一体化和国际经济发展。

← 11,12 登机口 Gates
步行约 2 分钟
13–46 ↑
步行约 10 分钟
← VIP 国内贵宾候机室 Domestic VIP Lounge
头等舱候机室 First Class Lounge V1
↑ V4
头等舱候机室 First Class Lounge V2,V3 →

功能布局上充分考虑了航站楼不同旅客高峰时段变化的需求，并适应其运营的灵活性及拓展性。秉承以人为本的设计理念，从旅客步行距离、值机柜台等多个方面为旅客打造一流的旅行体验。

功能流程上航站楼设计布局紧凑，流程合理，功能设施均经过科学计算，设施量充分适当，中转满足航站楼未来运营中可能出现的各种中转联程运行需求。

形态设计上二期工程体现地标性与地域文化的完美融合——2号航站楼的主楼、长廊采用一体化造型，大屋盖波浪的起伏简洁大气，暗喻了南京的文化遗产——“律动的云锦”。

2014年摄于南京

2018 年摄于上海虹桥国际机场 T1 航站区

上海虹桥国际机场 T1 航站楼改造及交通中心工程

Shanghai Hongqiao T1 Terminal Renovation and Ground Transportation Center

项目地点：上海市长宁区虹桥 T1 航站区

总建筑面积：20 万 m^2

建成时间：2018 年

虹桥T1航站楼改造的契机源于虹桥商务区东片区的改造。T1航站楼的改造作为启动示范项目势必带动整个东片区的开发改造。虹桥T1改造及交通中心项目满足本期年旅客吞吐量1000万的设计目标（国际500万/年，国内500万/年）。

T1航站楼的改造以提升航站楼整体服务品质、安全保障系统、环境空间形态为目标，最终达到“脱胎换骨”的目的。虹桥T1航站楼及交通中心充分考虑了运营、施工等需求，在项目实施过程中全面实现了不停航施工，在保证现有航站楼正常运营的情况下，对项目采用了“一体化的航站楼的概念”，即集航站楼、交通中心、配套服务功能等多功能集合的航站楼综合体，集约化、综合化是航站楼未来发展的趋势。

B
B 11
B10
DO NOT
ENTER
EVA AIR

309
3

出口
Exit
B
行李查询
Baggage Inquiries
CHINA CUSTOMS

D

02
03
04
FM722
香港
Hong Kong
结识具有创新精神改变生活的英国精英人才。
WELCOME
TO
GREAT

浦东国际机场卫星厅工程效果图

上海浦东国际机场三期卫星厅工程

Shanghai Pudong International Airport Satellite Project

项目地点：上海浦东新区浦东国际机场

总建筑面积：62 万 m^2

建成时间：2019 年

浦东国际机场是长江三角洲地区的中心机场，是我国三大门户型枢纽机场之一。随着航空业务量的增长，在先后完成 1、2 期工程后，新一轮的扩建已迫在眉睫。本次扩建工程的核心是一座规模约 62 万 m^2 的卫星厅（由 S1 和 S2 组成），承担 3800 万人次 / 年的候机和中转功能，使浦东国际机场能够实现 8000 万的年旅客吞吐量。卫星厅的建成将大大缓解机位需求的压力，提升航站楼设施，进一步实现航空业务量增长，为建设世界级枢纽机场打下坚实的基础，有效地促进了长三角地区综合交通一体化发展和区域经济联动。

2002 年摄于上海浦东新区

龙阳路磁悬浮车站
Longyang Road Maglev Station

项目地点：上海市浦东新区龙阳路
总建筑面积：22488.5m^2
建成时间：2002 年

2007 年摄于上海浦东国际机场

浦东机场磁悬浮车站及其配套宾馆

Pudong International Airport Maglev Station and Hotel

项目地点：上海市浦东国际机场

总建筑面积：82000m^2

建成时间：2007 年

1999 年摄于上海浦东新区

上海浦东国际机场 T1 航站楼

Shanghai Pudong International Airport Terminal 1

项目地点：上海浦东新区浦东国际机场
合作单位：法国巴黎机场工程公司 ADP
总建筑面积：278000m^2
设计时间：1997 年
建成时间：1999 年

2018 年摄于温州

温州永强机场 T2 航站楼

Wenzhou Yongqiang Airport Terminal 2

项目地点：温州市龙湾区

总建筑面积：10 万 m^2

建成时间：2018 年

上海机场城市航站楼

Shanghai Airport City Terminal

项目地点：上海市南京西路

总建筑面积：22000m^2

建成时间：2002 年

宁波栎社国际机场 T2 航站楼

Ningbo Lishe International Airport T2 Terminal

项目地点：宁波市鄞州区栎社国际机场

总建筑面积：11 万 m^2

建成时间：2019 年

大连新机场竞赛方案

Dalian New Airport

项目地点：大连市人工岛

总建筑面积：50 万 m^2

鲁木齐机场北航站区改扩建工程

mqi Airport North Terminal Area
nstruction and Expansion Project

目地点：
鲁木齐市地窝堡国际机场北航站区
建筑面积：85 万 m^2
成时间：2021 年

盐城南洋机场 T2 航站楼

Yancheng Nanyang Airport T2 Terminal

项目地点：盐城市亭湖区
总建筑面积：3 万 m^2
建成时间：2018 年

和浩特新机场

hot New Airport

目地点：呼和浩特市和林格尔县
建筑面积：50 万 m^2
成时间：2023 年

烟台潮水国际机场航站楼

Yantai Chaoshui Airport Terminal

项目地点：烟台市蓬莱区
总建筑面积：8 万 m^2
建成时间：2015 年

州萧山机场三期综合通枢纽

zhou Xiaoshan Airport Phase III Comprehensive
sportation Hub

目地点：杭州市萧山区
建筑面积：140 万 m^2
成时间：2022 年

苏中江都民用机场航站楼

Suzhong Jiangdu Civil Airport Terminal

项目地点：扬州市江都区
总建筑面积：3 万 m^2
建成时间：2011

代表项目一览表

Representative Works

1999 年 上海浦东国际机场 T1 航站楼

2008 年 上海浦东国际机场 T2 航站楼

2002 年 上海龙阳路磁悬浮车站

2002 年 上海机场城市航站楼

2007 年 磁悬浮车站及配套宾馆

2010 年 虹桥综合交通枢纽

2012 年 杭州萧山国际机场 T3 航站楼

2011 年 苏中江都民用机场航站楼

2014 年 南京禄口国际机场二期工程

2015 年 烟台潮水国际机场航站楼

2018 年 港珠澳大桥珠海口岸

2018 年 港珠澳大桥澳门口岸

2019 年 上海浦东国际机场卫星厅工程

2018 年 上海虹桥国际机场 T1 航站楼改造及交通中心工程

2018 年 温州永强机场 T2 航站楼

2018 年 盐城南洋机场 T2 航站楼

2019 年 宁波栎社国际机场 T2 航站楼

2021 年 乌鲁木齐国际机场北航站区改扩建工程

获奖经历及学术成果

Awards and Academic Achievements

主要获奖经历
Main Awards

浦东国际机场 T2 航站楼

全国第十四届优秀工程设计金质奖
新中国建国 60 周年建筑创作大奖
全国优秀工程行业奖一等奖
上海市优秀工程设计一等奖

浦东国际机场 T1 航站楼

全国第十届优秀工程设计金质奖
上海市优秀工程设计一等奖

龙阳路磁悬浮车站

全国第十一届优秀工程设计铜奖
建设部优秀勘察设计二等奖
上海市优秀工程设计一等奖
上海市建筑学会建筑创作奖

虹桥综合交通枢纽

中国建筑学会建筑创作优秀奖
全国优秀工程行业奖一等奖
上海市优秀工程设计一等奖

南京禄口国际机场二期工程

亚建协建筑大奖荣誉提名奖
全国优秀工程行业奖二等奖
上海市优秀工程设计一等奖
上海市建筑学会建筑创作奖

虹桥国际机场 T1 航站楼改造及交通中心工程

联合国气候大会绿色建筑奖
全国优秀工程行业奖一等奖
中国建筑学会建筑创作优秀奖
上海市优秀工程设计一等奖
上海市建筑学会建筑创作奖

大连新机场设计

美国 AIA DALLAS 金奖

主要学术成果

Main Academic Achievements

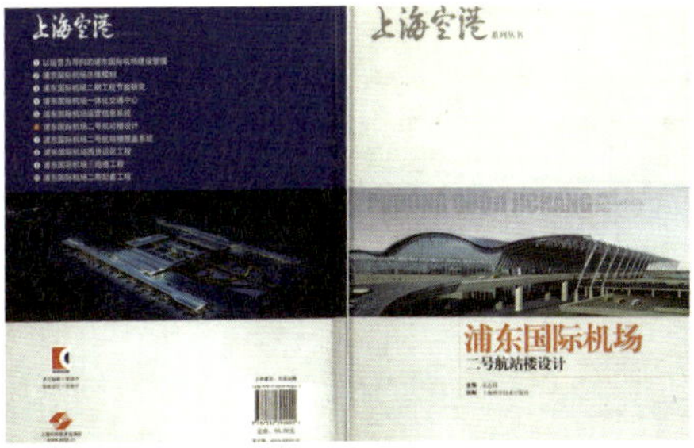

论文著作

专著《当代交通建筑设计的多维诠释》
编著《上海虹桥综合交通枢纽规划与建筑设计》
主编《建筑设计资料集》第 7 分册“综合交通枢纽分项”、参编“航空楼”子项
参编《浦东国际机场二号航站楼设计》、《浦东国际机场一体化交通中心》等 4 部著作；发表论文数十篇

科研奖项

上海市科学技术进步奖一等奖 1 项
2010 年 浦东国际机场扩建工程建设关键技术研究
上海市科学技术进步奖二等奖 3 项
2009 年 航站楼及能源中心节能研究与应用
2000 年 上海浦东国际机场航站楼屋面工程一整体隐藏式长尺金属瓦楞板
2001 年 浦东机场一期航站楼设计
上海市科学技术进步奖三等奖 1 项
2014 年 大型综合交通枢纽规划设计关键技术

专利获奖

2015 年 一种双层屋面防水系统实用新型专利

峰会论坛

《国际化视野下的航空港规划设计》
《模数体系下的航站楼表皮设计》
《航站楼设计品味的四个维度》
《大型综合交通枢纽设计——港珠澳大桥珠海口岸工程设计实践》

社会荣誉

中国建筑学会建筑师分会副理事长
2016 年 全国五一劳动奖章
2010 年 全国劳动模范
1999 年 建设部劳动模范
2005 年 上海市劳动模范
2012 年 上海市领军人才
2017 年 上海“城市之光”建交委人才

后记 POSTSCRIPT

2018 年 12 月，上海市建筑学会为“上海市杰出中青年建筑师”评选成立了编写工作组，正式启动了本书的编写工作。

本系列丛书由 20 位“上海市杰出中青年建筑师”提供相关素材，对自身的主要从业经历、建筑作品、获奖经历及学术成果等方面作了多样的展示与阐述。由于篇幅有限，不足以充分反映 20 位杰出中青年建筑师的创作思想和优秀作品，只概括地阐述了具有代表性的内容。

“上海市杰出中青年建筑师”评选活动的圆满举办得益于学会理事会、学术委员会、各会员单位、设计院所、高校以及社会各界的大力支持，在此向所有提供支持与帮助的单位和个人表示衷心的感谢。

在编写过程中我们还得到了许多著名建筑师的支持，他们亲自为各位中青年建筑师写序，意在鼓励和培养青年一代的成长，在此向他们表示感谢。同时，特别要感谢评选委员会的专家沈迪、魏敦山、时匡、汪孝安、赵元超、丁洁民，他们以科学严谨的工作态度圆满地完成了本次评选工作。

最后要感谢编委会、学会秘书处以及参与本次编写工作的所有工作人员，感谢你们的辛勤付出。

上海市建筑学会将秉持“坚守科技报国初衷，不辱时代发展使命”的理念，聚行业合力，共谱城市建设华章；携手市民大众共铸辉煌！

上海市建筑学会

《上海市杰出中青年建筑师》系列丛书

按姓氏拼音排序

《上海市杰出中青年建筑师之一——薄宏涛》

《上海市杰出中青年建筑师之二——陈国亮》

《上海市杰出中青年建筑师之三——陈剑秋》

《上海市杰出中青年建筑师之四——陈　雷》

《上海市杰出中青年建筑师之五——崔中芳》

《上海市杰出中青年建筑师之六——郭建祥》

《上海市杰出中青年建筑师之七——胡世勇》

《上海市杰出中青年建筑师之八——李麟学》

《上海市杰出中青年建筑师之九——李　瑶》

《上海市杰出中青年建筑师之十——李振宇》

《上海市杰出中青年建筑师十一——刘宇扬》

《上海市杰出中青年建筑师十二——柳亦春》

《上海市杰出中青年建筑师十三——钱　平》

《上海市杰出中青年建筑师十四——任力之》

《上海市杰出中青年建筑师十五——戎武杰》

《上海市杰出中青年建筑师十六——宋照青》

《上海市杰出中青年建筑师十七——王文胜》

《上海市杰出中青年建筑师十八——张俊杰》

《上海市杰出中青年建筑师十九——章　明》

《上海市杰出中青年建筑师二十——曾　群》